DIE KETTENNATTER
LAMPROPELTIS GETULA

Dieter Schmidt

Wüsten-Kettennatter (*Lampropeltis getula splendida*) Foto: D. Schmidt

Inhalt

Bildnachweis
Titelbild: Florida-Kettennatter *Lampropeltis getula floridana*
Kleines Bild: Kalifornische Kettennatter *Lampropeltis getula californiae*
Seite 1: Kalifornische Kettennatter *Lampropeltis getula californiae*
Fotos: B. Love/Blue Chameleon Ventures

1. Auflage 2004
2. Auflage 2008

ISBN 978-3-937285-03-0

An der Kleimannbrücke 39/41
48157 Münster
www.ms-verlag.de

Geschäftsführung: Matthias Schmidt
Lektorat: Heiko Werning & Kriton Kunz
Layout: go autark – rupp & hogeback GbR
Druck: Druckhaus Fromm, Osnabrück

Vorwort

SCHLANGEN gehören sicher für die meisten unserer Mitmenschen zu den etwas ausgefallenen Heimtieren. Für den Laien ist Schlange gleich Schlange, er hat bestenfalls einmal etwas von einer Riesenschlange oder einer Giftschlange gehört. Trotzdem sind diese Reptilien für viele begeisterte Tierfreunde die faszinierendsten und attraktivsten Pfleglinge überhaupt. So ist es auch nicht verwunderlich, dass die Königsnattern (Gattung *Lampropeltis*) aus der Familie der Nattern mit ihren so eindrucksvoll gezeichneten Arten und Unterarten seit mehr als zwei Jahrzehnten in besonderer Gunst stehen. Sie im Terrarium zur Fortpflanzung zu stimulieren, stellt bei artgerechter Pflege kein großes Problem dar. Das alles trifft für die „dreifarbigen", schwarz-rot-gelben Formen, aber auch für die „zweifarbigen", schwarz-weißen zu. Alle zeichnen sich aus durch handhabbare Größe, friedliches Verhalten und Lebensansprüche, deren Erfüllung in unseren klimatischen Verhältnissen relativ einfach im Terrarium zu realisieren ist. Über die „bunten" Arten wurde schon viel publiziert. Leider ist über die anderen Vertreter der Gattung weniger bekannt, obwohl die Kettennatter (*Lampropeltis getula*) mit ihren Unterarten, insbesondere die Kalifornische Kettennatter (*Lampropeltis getula californiae*), häufig gepflegt und vermehrt wird.

Kettennattern gehören schon seit Jahrzehnten mit mehreren Unterarten zu den Bewohnern meiner Terrarien, lange bevor ich die ersten „bunten" Gattungsverwandten erhielt. Sie sind als sehr anpassungsfähige, mittelgroße Schlangen besonders auch für den terraristischen Anfänger zu empfehlen. Mit diesem kleinen Buch möchte ich Einsteigern wie auch erfahrenen Terrarianern Hinweise zur artgemäßen Haltung und Pflege bieten.

Dieter Schmidt, Schönow
Frühjahr 2004

Eine Wüsten-Kettennatter (*L. g. splendida*) erkundet züngelnd ihre Umwelt.
Foto: D. Schmidt

Zur Biologie der Kettennattern

DIE Schlangen der Gattung *Lampropeltis* bevölkern ein riesiges Verbreitungsgebiet, das sich in Nordamerika vom äußersten Süden Kanadas über weite Teile der Vereinigten Staaten sowie Mittelamerika bis südlich des Äquators in Südamerika erstreckt. Systematiker gliedern die zur Unterfamilie der Eigentlichen Nattern (Colubrinae) zählende Gattung in zwar nur neun Arten, die jedoch zusammen etwa 56 Unterarten aufweisen, davon allein die Dreiecksnattern oder Milchschlangen (*L. triangulum*) 25 Unterarten. Sehr wahrscheinlich sind hier in Zukunft neue Beurteilungen der Systematik zu erwarten. Alle *Lampropeltis*-Arten zeichnen sich durch glatte, wie poliert wirkende Schuppen aus, denen sie sogar ihren wissenschaftlichen Namen verdanken. Ihr Analschild, also der Bauchschild, der die Kloake bedeckt, ist immer ungeteilt.

WUSSTEN SIE SCHON?
Die Schlangen der Unterfamilie Eigentliche Nattern (Colubrinae) sind in Amerika, Asien und Afrika weit verbreitet, aber nur wenige der über 50 Gattungen mit etwa 280 Arten besiedeln Europa; in Australien ist sogar nur eine Gattung zu Hause.

Da die deutschen und mehr noch die amerikanischen Trivialnamen aller acht Arten sehr regellos benutzt werden, sollten als einheitliche deutsche Bezeichnung die aufgelisteten Namen herangezogen werden. Zur eindeutigen und vor allem auch internationalen Verständigung ziehen ohnehin die Herpetologen (Wissenschaftler, die sich mit Amphibien und

Tabelle 1: Arten der Gattung *Lampropeltis*

wissenschaftlicher Name	deutscher Name	Anzahl Unterarten
L. alterna	Graugebänderte Königsnatter	2
L. calligaster	Präriekönigsnatter	3
L. getula	Kettennatter	9
L. mexicana	Mexikanische Königsnatter	4
L. pyromelana	Arizonakönigsnatter	3
L. ruthveni	Ruthvens Königsnatter	1
L. triangulum	Dreiecksnatter, Milchschlange	25
L. webbi*	Webbs Königsnatter	1
L. zonata	Bergkönigsnatter	7

* unsicher

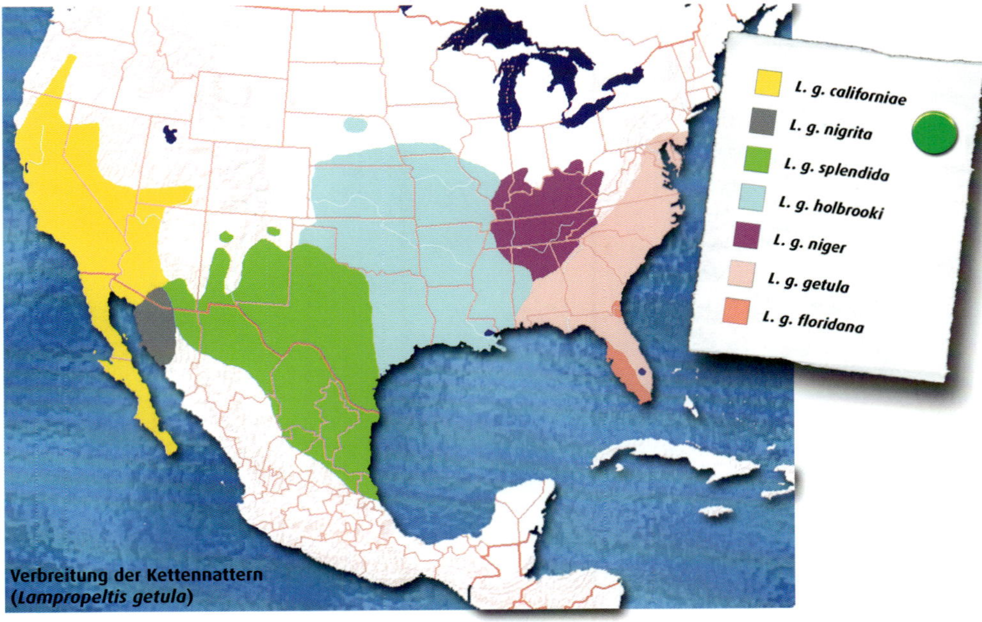

Verbreitung der Kettennattern (*Lampropeltis getula*)

Reptilien befassen) und die meisten Terrarianer die wissenschaftlichen Bezeichnungen vor.

Älteste, allerdings unsichere fossile Funde von Kettennattern stammen aus dem Miozän, einer Abteilung des Jungtertiärs, vor 24–5 Mio. Jahren in Nebraska. Im Pleistozän (Diluvium, Eiszeit), vor 1,7 Mio. bis 10.000 Jahren, waren Kettennattern bereits recht häufig.

Die Unterarten der Kettennatter (*L. getula*), die wir hier näher kennen lernen wollen, sind in Nordamerika von der Küste des Atlantiks im Osten südlich des 41. Breitengrades bis an die Pazifikküste im Westen südlich des 43. Breitengrades sowie im Norden Mexikos von der Golfküste bis zur Halbinsel Baja California am Pazifik zu Hause. Hier leben die einzelnen Unterarten in Höhenlagen vom Meeresspiegel bis auf etwa 2000 m ü. NN. Die Kettennatter ist eine häufige und in ihrer Heimat allgemein bekannte Schlange. Auch LINNÉ, der die heute übliche wissenschaftliche Benennung in die Zoologie einführte, wusste um ihre Existenz

WUSSTEN SIE SCHON?

Die Königsnattern der Gattung *Lampropeltis* werden nach neuerer Auffassung einiger Systematiker auch zu einer eigenen Unterfamilie der Nattern, den Lampropeltinae, gerechnet.

Die Präriekönigsnatter (*Lampropeltis calligaster calligaster*) wird mit ihrer nahen Verwandten, der Kettennatter, zum *getula*-Komplex gerechnet. Foto: D. Schmidt

Die Dreiecksnattern – hier *Lampropeltis triangulum campbelli* mit Gelege – sind beliebte Terrarientiere. Foto: D. Schmidt

und beschrieb sie 1766 als *Coluber getulus*. Inzwischen wurde eine größere Anzahl von Unterarten differenziert, was, wie das bei Reptilien oft der Fall ist, jedoch nicht immer den Ansichten aller Herpetologen entspricht. Allgemein anerkannt sind derzeit (vergleiche die aktuelle Reptiliendatenbank

im Internet unter www.reptile-database.org, Stand Januar 2008) die unten aufgeführten zehn Unterarten (hinter dem Namen der Unterart wird der Biologe genannt, der die Art beschrieben hat, und das Jahr der Erstbeschreibung).

Einige Wissenschaftler vertreten die Meinung, dass zwei dieser Namen, nämlich *goini* und *sticticeps*, zusammen mit der früher einmal anerkannten Unterart *brooksi* lediglich Synonyme (andere wissenschaftliche Namen für dieselbe systematische Kategorie) der Florida-Kettennatter (*L. g. floridana*) sowie dass die ehemalig als Unterarten geführten *conjuncta*, *nitida* und *yumensis* natürliche Kreuzungen (Intergrades) verschiedener Unterarten sind. Da diese fraglichen Formen für die Terraristik jedoch kaum relevant sind, wollen wir uns auf folgende Unterarten beschränken und sinnvolle, einprägsame deutsche Trivialnamen verwenden. Entsprechend ihrer Verbreitung von Ost nach West (siehe Verbreitungskarte auf S. 7) sind das die im Kasten S. 10 genannten.

L. g. californiae	(BLAINVILLE, 1835)
L. g. floridana	BLANCHARD, 1919
L. g. getula	(LINNAEUS, 1766)
L. g. goini	NEILL & ALLEN, 1949
L. g. holbrooki	STEJNEGER, 1902
L. g. meansi	KRYSKO & JUDD, 2006
L. g. nigra	(YARROW, 1882)
L. g. nigrita	ZWEIFEL & NORRIS, 1955
L. g. splendida	(BAIRD & GIRARD, 1853)
L. g. sticticeps	BARBOUR & ENGELS, 1942

L. g. getula	Östliche Kettennatter
L. g. floridana	Florida-Kettennatter
L. g. nigra	Schwarze Kettennatter
L. g. holbrooki	Gesprenkelte Kettennatter
L. g. splendida	Wüsten-Kettennatter
L. g. nigrita	Schwarze Mexiko-Kettennatter
L. g. californiae	Kalifornische Kettennatter.

Bergkönigsnattern (*Lampropeltis pyromelana pyromelana*) gehören ebenfalls zur Gattung.
Foto: D. Schmidt

Wenden wir uns den Unterarten der Kettennatter näher zu. Abgesehen von geringen Unterschieden in der Höchstzahl der Schuppenreihen auf dem Rücken oder bei der Kopfbeschilderung sind die einzelnen Unterarten vorrangig durch ihre Zeichnung zu unterscheiden.

Die östlichste Unterart, die Nominatform *L. g. getula*, wird gewöhnlich 90–120 cm lang – als Rekordlänge sind 208 cm bekannt. Sie bevorzugt in ihrer Heimat Wälder, Wüsten sowie Auen und andere wasserreiche Gebiete, wo sie stellenweise sehr häufig anzutreffen ist. Im mittleren Teil der Halbinsel Florida trifft ihr Verbreitungsgebiet auf das der Florida-Kettennatter (*L. g. floridana*), mit der sie in einer breiten Überschneidungszone lebt, in der es zu Kreuzungen zwischen den beiden Formen kommt. Letztere bewohnt neben ausgesprochenen Sandflächen gern feuchte Biotope, wie feuchte Waldgebiete, Flusstäler und Quellsümpfe. Auch Florida-Kettennattern werden 90–120 cm lang (Rekord: 168 cm). Mit etwa 90–115 cm Gesamtlänge bei ausgewachsenen Exemplaren (Rekord: 147 cm) bleibt die Schwarze Kettennatter (*L. g. nigra;* häufig auch *niger*) geringfügig kleiner. Sie lebt in offenen Wäldern, auf Brachland, an Wasserläufen wie auch in durch den Menschen geschaffenen Sekundärbiotopen. Die Gesprenkelte Kettennatter (*L. g. holbrooki*) – von den Amerikanern passend auch Pfeffer-und-Salz-Schlange genannt – wird gewöhnlich kaum 90–120 cm lang (Rekord: 183 cm). Ihre Lebensräume erstrecken sich von den Prärien über die Niederungen des Mississippi bis zu Hochwäldern. Die Wüsten-Kettennatter (*L. g. splendida*) erreicht meist ein Länge von 90–115 cm (Rekord: 152 cm). Wie ihr Name schon andeutet, ist sie ein typischer Bewohner trockener, steppen- und wüstenähnlicher Gebiete. Wo die Möglichkeit besteht, ist sie aber

Die Mexikanische Königsnatter (*Lampropeltis mexicana greeri*) ist eine weitere verwandte Art. Foto: D. Schmidt

Florida-Kettennatter (*Lampropeltis getula floridana*) aus der Nähe von Tampa (Florida)
Foto: B. Love / Blue Chameleon Ventures

vermehrt auf künstlich bewässerten Flächen zu finden. Ein weiterer Wüstenbewohner ist die Schwarze Mexiko-Kettennatter (*L. g. nigrita*), über deren Lebensweise in der Natur recht wenig bekannt ist. Bei mittlerer Länge von 60–90 cm erlangt sie lediglich eine Maximallänge von etwa 1 m. Die letzte der näher zu betrachtenden Unterarten ist wohl zugleich auch die am häufigsten im Terrarium gepflegte, die Kalifornische Kettennatter (*L. g. californiae*). Von ihr sind inzwischen auch die meisten Zuchtformen bekannt. Das Bemerkenswerte an ihrer Zeichnung ist, dass es sowohl geringelte als auch längs gestreifte Exemplare, auch mit Übergängen, gibt, die in denselben Populationen zu finden sind.

Östliche Kettennatter (*Lampropeltis g. getula*) aus New Jersey
Foto: B. Love/Blue Chameleon Ventures

Allerdings überwiegen in der Natur – und im Terrarium – die geringelten Tiere. Kalifornische Kettennattern werden etwa 80–110 cm lang und überschreiten nur selten die Länge von 125 cm. Diese Unterart bewohnt unterschiedlichste Lebensräume. Sie lebt in der Wüste, auf kultiviertem Gras- und Ackerland, in Flussniederungen wie auch in Laub- und Nadelwäldern.

Kettennattern sind tag- und dämmerungsaktive Tiere, die aber wie die meisten Reptilien bei sehr warmer Witterung die Stunden mit hohem Sonnenstand im Freien meiden. Die Wüsten-Kettennatter und die Schwarze Mexiko-Kettennatter dagegen sind als Wüstenbewohner vorwiegend nachtaktiv.

Florida-Kettennattern aus dem Süden des Bundesstaates wurden früher als Unterart *L. g. brooksi* geführt. Hier ein normalfarbenes und ein hypomelanistisches Exemplar.
Foto: B. Love/Blue Chameleon Ventures

Diese Kettennatter aus Florida wird auch als Unterart *L. g. goini* (Gefleckte Kettennatter) aufgefasst. Sie ist vermutlich ebenfalls nur eine Bastardform. Foto: B. Love/Blue Chameleon

Natürlich vorkommende Unterartkreuzungen *L. g. getula* x *L. g. floridana* gelten mitunter auch als *L. g. sticticeps* (Insel-Kettennatter) Foto: B. Love/Blue Chameleon Ventures

Haltungsvoraussetzungen und Erwerb der Tiere

EINE wichtige Voraussetzung für die erfolgreiche Haltung und Vermehrung von Kettennattern ist ihre artgemäße Unterbringung. Schon vor Erwerb der Tiere muss man sich darüber klar sein, ob und wie man sie pflegen kann. Die Kettennattern werden Sie im Terrarium über Jahre begleiten und erfordern Ihre stete Zuwendung. Es gilt also zu klären, ob Sie genügend Zeit für sie aufbringen können und ob auch Ihre Mitmenschen, die Familie und je nach Lage sogar die Nachbarn, keine grundsätzlichen Einwände vorbringen. Ein Wohnungsvermieter kann allerdings die Haltung dieser für den Menschen harmlosen Nattern eigentlich nicht verbieten, wenn auch die Rechtsprechung bei der Beurteilung der Schlangenhaltung nicht einheitlich ist. Am besten ist es dennoch, Sie holen die Zustimmung ein. Die Tiere belästigen niemanden – vorausgesetzt, sie erhalten

Gesprenkelte Kettennatter (*Lampropeltis getula holbrooki*) Foto: D. Schmidt

Florida-Kettennatter (*Lampropeltis getula floridana*) Foto: B. Love/Blue Chameleon Ventures

Kalifornische Kettennatter (*Lampropeltis getula californiae*) – gebänderte Variante
Foto: D. Schmidt

keine Gelegenheit, auszubrechen und jemand zu erschrecken. Zu bedenken ist allerdings, dass eine ständige Futtertierhaltung zu Geruchsbelästigungen führen kann. Bedacht werden müssen natürlich auch die für die Schlangen erforderlichen Kosten. Das trifft nicht nur auf die Anschaffung der Tiere und ihrer Behausung zu. Mit den Jahren spielen die laufenden Aufwendungen für Energie (Beleuchtung, Beheizung), für Futtertiere (Kauf bzw. eigene Haltung und Vermehrung) und nicht zuletzt auch für mögliche Tierarzthonorare eine Rolle. Aber jedes Hobby kostet schließlich Geld, und die für die Pflege aufzuwendende Zeit macht ja gerade die sinnvolle Freizeitbeschäftigung aus. Der gelegentliche Verkauf von Nachzuchttieren wird nie alle Aufwendungen decken können.

In den meisten Bundesstaaten der USA unterliegen die Kettennattern keinen Artenschutzbestimmungen. Einige wenige Staaten weisen für ihre Unterarten einen niedrigen Schutzstatus aus; lediglich in Iowa gilt *L. g. holbrooki* als „gefährdet". Bei uns schränken keinerlei Artenschutzbestimmungen die Haltung von Kettennattern ein. Wir müssen jedoch die Anforderungen des **Tierschutzgesetzes** (BGBl.I, S. 1105; 25.05.1998) an den Tierhalter beachten, der für ein artgerechtes Terrarium mit den erforderlichen Klimabedingungen und die Bereitstellung der richtigen Futtergrundlage sorgen muss. Dazu wird ein ausreichender Wissensstand des Terrarianers gefordert. Jedem Einsteiger in die Schlangenhaltung sei bereits vor Anschaffung der Tiere das Studium von terraristischen Büchern und Zeitschriften – siehe „Weiterführende Literatur" – und der Kontakt zu erfahrenen Terrarianern, am besten in einem Verein, empfohlen. Mit der Ablegung einer Prüfung für den „Sachkundenachweis Terraristik" ist auch eine Bestätigung des erforderlichen Wissens gegeben. Über die

Möglichkeiten zum Erwerb dieses Nachweises geben Auskunft:

Deutsche Gesellschaft für Herpetologie und Terrarienkunde (DGHT) e. V.
DGHT e.V., Postfach 1421,
D-53351 Rheinbach,
Deutschland
Tel.: +49-2225-703333
Fax: +49-2225-703338
E-Mail: gs@dght.de
oder das Internet unter
www.sachkundenachweis.de

Kettennattern kann man in jedem gut geführten Zoofachgeschäft mit Terraristikabteilung kaufen. Auch auf einschlägigen Börsen wird man sicher Glück haben, jedoch werden dort vorwiegend Jungtiere abgegeben. Optimal ist der Erwerb der Schlangen direkt beim Züchter vor Ort. Hier kann man sich Terrarien in Betrieb und die Elterntiere ansehen und wird detaillierte Informationen über Herkunft, Alter, Gesundheitszustand, Haltungs- und

WUSSTEN SIE SCHON?
Die Deutsche Gesellschaft für Herpetologie und Terrarienkunde sowohl dem Wissenschaftler, der sich beruflich mit Amphibien oder Reptilien befasst, als auch dem Liebhaber, der mit viel Engagement und Freude Amphibien oder Reptilien pflegt, ein gemeinsames Forum für Information, Kommunikation und Publikation bietet?. Dazu gehören auch mehr als 50 überregionale und regionale Gruppierungen.

Kalifornische Kettennatter (*Lampropeltis getula californiae*) – gestreifte Variante
Foto: B. Love/Blue Chameleon Ventures

Auch sehr helle Exemplare gibt es unter den Kalifornischen Kettennattern. Foto: D. Schmidt

Fütterungsbedingungen usw. erhalten. Trotzdem bleibt der Erwerb von Tieren immer Vertrauenssache, und nur wenn bei Verlust eines neu erworbenen Exemplares durch tierärztliche Untersuchung nachgewiesen werden kann, dass die tödliche Krankheit bereits zum Zeitpunkt des Kaufes vorlag, kann Anspruch auf Ersatz oder Rückerstattung des Kaufpreises geltend gemacht werden. Das trifft auch auf den Erwerb (Kauf oder Tausch) bei einem Terrarianer zu.

Um dem Risiko vorzubeugen, eine kränkelnde Schlange zu erhalten, kann auch der unerfahrene Terrarianer einige **Gesundheitskriterien** überprüfen. Dabei ist auf Folgendes besonders zu achten:

- Ruhelage des Tieres: in typischer Weise aufgerollt
- Bewegungsabläufe: ungestört, regelmäßiges Züngeln
- Flucht- oder Abwehrreaktionen: vorhanden (Ergriffen, versucht die Schlange, sich aus der Hand zu winden. Dieses Verhalten kann bei sehr „zahmen“ Tieren jedoch fehlen.)
- Körper: nicht abgemagert, keine Verdickungen oder Verhärtungen zu ertasten, keine Verkrümmungen der Wirbelsäule
- Haut: keine offenen Wunden, ohne alte Häutungsreste, keine Knoten, auf der Bauchseite ohne rötliche Verfärbungen, ohne Außenparasiten (Milben, Zecken) und deren Exkremente
- Maul: Maulspalte geschlossen, Atmung geräuschlos, Maulhöhle frei von Schleim, Maulschleimhaut gut durchblutet, ohne Beläge oder Pusteln
- Augen: klar – außer vor der Häutung – und ohne alte Hautreste
- Kloake: ohne Kotverschmierung

Besonderes Augenmerk erfordert der **Transport** der Schlangen. Grundsätzlich sollten die Tiere vor dem Transport nicht gerade erst gefüttert worden sein. Jungtiere können am besten in kleinen handelsüblichen Kunststoffboxen transportiert werden. Dabei ausbruchsichere Lüftungsöffnungen nicht vergessen! Lockeres Moos oder auch nur Knüllpapier im Behälter sorgen dafür, dass die Tiere bei heftigen Transportbewegungen nicht herumgeschleudert werden. Größere Exemplare transportiert man am besten einzeln in einem gut verschnürten Stoffbeutel. Es ist wichtig, dass während des Transportes extreme Temperaturen vermieden werden. Selbst ein kurzer Aufenthalt in einem in der Sonne abgestellten Pkw kann tödliche Folgen haben; und eine zu tiefe Temperatur führt zu Lungenentzündung und Tod. Temperaturen um 20 °C sind zu empfehlen. Eine ausreichende Sicherheit gegen rasche Temperaturschwankungen ist gegeben, wenn Transportbox oder Stoffbeutel in eine Kiste aus Styropor oder einem ähnlichen wärmedämmenden Material gelegt werden. Können Sie die neu erworbene Schlange nicht persönlich abholen, sind Sie auf einen geeigneten Paketdienst angewiesen. Die Deutsche Post AG verweigert den Transport von lebenden Wirbeltieren, da sie optimale Transportbedingungen nicht erfüllen will.

Soll die neue Schlange in einen Reptilienbestand eingegliedert werden oder gar zu Artgenossen in dasselbe Terrarium kommen, ist eine **Quarantäne** in einem einfach und hygienisch eingerichteten Becken angezeigt. Nur so kann die Gefahr der Übertragung von Krankheitserregern auf andere Reptilien vermieden werden. Die Neuerwerbung sollte in dem Quarantäneterrarium, das hinsichtlich Temperatur, Licht, Wasser und Versteckmöglichkeiten die wichtigsten Grundbedürfnisse des Tieres erfüllt, eingehend beobachtet werden und wenigstens einige Male gefressen und normal gekotet haben. Dazu kommt bei Kettennattern das Problem, dass auch Artgenossen zum Beutespektrum gehören. Ich habe zwar immer gleich große, aneinander gewöhnte Kettennattern gemeinsam gepflegt, konnte aber feststellen, dass beim Einsetzen eines Neulings hungrige Tiere bald über ihn herfielen und ihn zu fressen versuchten.

Das Terrarium für Kettennattern

ERSTE Voraussetzung für eine artgemäße Haltung von Kettennattern ist ihr künstlicher Lebensraum „Terrarium". Seiner Größe (Länge x Tiefe x Höhe), seiner Einrichtung (Bodengrund, Verstecke, Klettermöglichkeiten, Wasserbehälter) und seiner technischen Ausstattung zur Klimatisierung (Beleuchtung, Beheizung, Belüftung) sind besondere Beachtung zu schenken. Diese Faktoren müssen so beschaffen sein, dass die Schlangen weitgehend ihren natürlichen Lebensgewohnheiten nachgehen können. Die Haltung adulter (ausgewachsener, geschlechtsreifer) Schlangen in schuhkartongroßen Kunststoffboxen, wie sie insbesondere in den USA praktiziert wird und die aus angeblich hygienischen und arbeitsökonomischen Gründen auch in Europa schon Anhänger findet, halte ich für Tierquälerei, auch wenn die Tiere dabei alt werden und sich sogar fortpflanzen können. Ich empfehle im Gegensatz dazu einen Terrarientyp, der zumindest etwas dem natürlichen Biotop nachempfunden ist

Als *Lampropeltis getula conjuncta* wurde früher diese gebänderte Variante der Kalifornischen Kettennatter von Baja California (Mexiko) bezeichnet. Foto: B. Love/Blue Chameleon Ventures

Auch *Lampropeltis getula „nitida"* stammt von der mexikanischen Halbinsel Baja California.
Foto: B. Love/Blue Chameleon Ventures

und der auch dem Betrachter einen ästhetischen Anblick bietet.

Die **Größe** des Aktivitätskreises im natürlichen Lebensraum wird in erster Linie durch das Futterangebot und die Partnersuche geprägt. Beides wird im Terrarium vom Menschen gesteuert. Trotzdem sollte ein Terrarium immer so groß wie möglich sein, um vor allem bei Besetzung mit mehreren Exemplaren Platz für alle Lebensgewohnheiten zu bieten. Ausgehend von diesen Maximen wurden beispielsweise in Deutschland und Österreich Richtlinien über die Mindestgröße von Terrarien publiziert. Danach sollen in Deutschland für zwei etwa gleich große Kettennattern die Länge des Terrariums der einfachen, die Tiefe und die Höhe jeweils der halben Körperlänge entsprechen. Österreichische Haltungsrichtlinien fordern für zwei bodenbewohnende Schlangen bis 1 m Länge eine Grundfläche von 0,5 m^2 und eine Mindesthöhe von 0,4 m. Zwei bis

1,5 m langen Schlangen sollten 0,9 m^2 Fläche bei mindestens 60 cm Höhe geboten werden. Für jedes weitere Tier sind in Deutschland 20 % mehr des Terrarienvolumens, in Österreich 0,15 bzw. 0,20 m^2 mehr Bodenfläche zu gewähren. Folgende Rechenbeispiele sollen der Verdeutlichung dieser sehr gut gemeinten, jedoch oft widersprüchlich diskutierten Mindestanforderungen dienen:

Anzahl Schlangen	Körperlänge [cm]	Mindestmaße in Deutschland L x T x H [cm]	Mindestmaße in Österreich L x T x H [cm]
2	50	50 x 25 x 25	100 x 50 x 40
4	50	60 x 30 x 25	150 x 54 x 40
2	120	120 x 60 x 60	150 x 60 x 60
4	120	145 x 70 x 60	185 x 70 x 60

(nach „Gutachten über Mindestanforderungen an die Haltung von Reptilien vom 10. Januar 1997" erstellt im Auftrag des BMLF, Referat Tierschutz, Bonn sowie Luttenberger, F. E. Brabenetz & H. Schwammer [1995]: „Haltungsrichtlinien – Mindestansprüche für Reptilien", Band 1, Wien)

Zweckmäßig eingerichtetes Terrarium, dekoriert mit künstlichen Pflanzen Foto: D. Schmidt

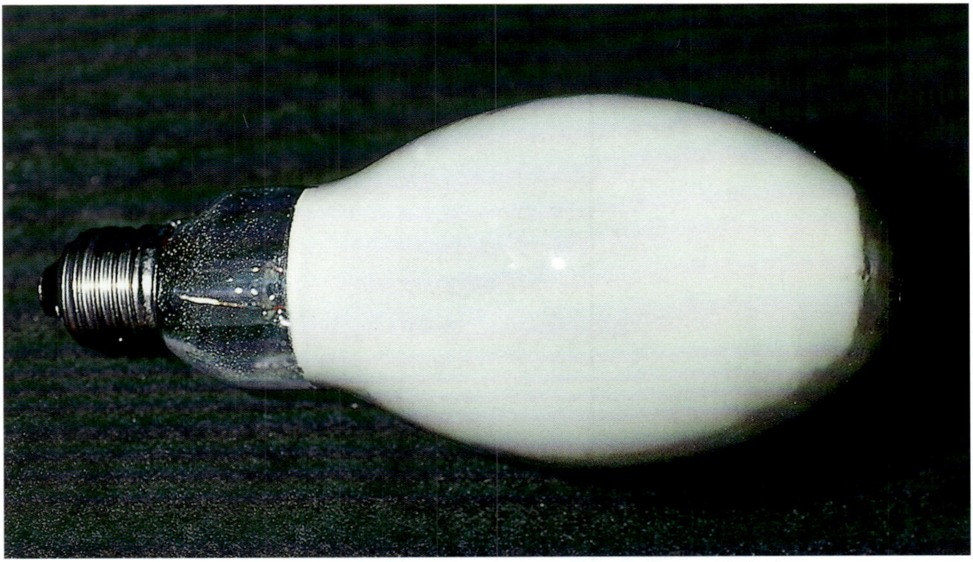

HQL-Lampen sind nur für größere Becken geeignet. Das von ihnen ausgesandte UV-Licht ist für Schlangen erfahrungsgemäß nicht lebensnotwendig. Foto: M. Schmidt

Unerwähnt bleibt dabei, dass Schlüpflinge in Kleinstterrarien viel besser zur Futteraufnahme zu bewegen sind und ihre Kontrolle in einem großen und reich strukturierten Terrarium recht schwierig ist.

Die wichtigsten technischen Einrichtungen eines Terrariums dienen der **Beheizung und Beleuchtung**. Wie alle Reptilien sind Kettennattern wechselwarme (poikilotherme) Lebewesen, die auf die Wärmezuführung von außen (exotherm) angewiesen sind. Möglichkeiten zur inneren Regulierung der Körpertemperatur haben sie kaum. Sie suchen deshalb

US-amerikanische Schlangenzüchter pflegen ihre Tiere oft in Plastikboxen und erzielen dabei hervorragende Nachzuchtergebnisse. Foto: B. Love/Blue Chameleon Ventures

nach Möglichkeit immer Plätze auf, die im Augenblick ihnen zusagende Temperaturbedingungen bieten. Nur so sind ein normales Verhalten und ein physiologischer Ablauf der Stoffwechselfunktionen möglich. Als mittlere Körpertemperatur von Kettennattern wurden bei Wildtieren beispielsweise 28 °C bei einer Schwankung von 18–31 °C ermittelt. Diese biologische Aktivitätstemperatur ermöglicht es den Tieren, sich zu bewegen, rasch zu reagieren, Beute zu fangen und zu verdauen. In diesem Bereich haben sich auch die Temperaturen im Terrarium im Tagesverlauf zu bewegen. Längere Unter- und Überschreitungen der Aktivitätstemperatur führen zu „Kältestarre“ (Winterruhe, Hibernation) bzw. zur Sommerruhe (Ästivation).

Glühlampen ohne und mit Reflektor und diverse Spotstrahler sind

WUSSTEN SIE SCHON ?

Messungen der Körpertemperatur bei frei lebenden Kettennattern ergaben kritische lebensbedrohliche Werte von -2 °C sowie von +42 °C. Aus all dem ergibt sich für uns, dass wir unter Terrarienbedingungen dafür sorgen müssen, die klimatischen Verhältnisse des natürlichen Lebensraums im Tages- wie auch im Jahresverlauf nachzugestalten.

mit einer Leistung bis etwa 100 W für mittlere Terrarien, Quecksilberdampf-Hochdrucklampen und Halogen-Metalldampflampen wegen ihrer hohen Wärmeabstrahlung nur für größere Becken geeignet. Da in der Natur die Wärmequelle „Sonne" mit Licht verbunden ist, sind die handelsüblichen Dunkelstrahler unphysiologisch. Im Strahlungsbereich der Wärmespender sollten Temperaturen bis 35 °C erreicht werden. Als Grundtemperatur im Kettennatter-Terrarium sind tagsüber 24–28 °C anzustreben. Nachts kann die Temperatur auf 18–22 °C absinken, was der Raumtemperatur entsprechen dürfte. Um Brandverletzungen bei Tier und Mensch durch heiße Lampen und Strahler zu vermeiden, müssen diese durch relativ engmaschige Drahtkörbe oder Installation über dem Terrarium hinter Drahtgaze vor Berührung geschützt werden. Sind die geforderten Tag- und Nachttemperaturen nicht durch die genannten Wärmequellen zu erreichen, kann die Wärmestrahlung „von oben" durch den Einsatz von Wärmeunterlagen – Heizmatten oder -kabel – ergänzt werden. Derartige Geräte ermöglichen eine gleichmäßige, milde Beheizung, Verbrennungen sind bei richtigem Gebrauch ausgeschlossen. Es empfiehlt sich aber die Installierung dieser Heizer unter dem Terrarienboden – so dieser aus Glas, nicht aber aus Holz besteht –, damit nicht

DER PRAXISTIPP

Beim Einbau aller Wärmequellen ist strikt darauf zu achten, dass das Terrarium nicht gleichmäßig erwärmt, sondern ein ausreichendes Temperaturgefälle geboten wird – man bringt also beispielsweise eine Bodenheizung nur unter einem Teilbereich des Terrariums an. Nur so können die Schlangen sich jederzeit den ihnen momentan zusagenden Temperaturbereich aussuchen.

Lampen müssen so angebracht werden, das Verbrennungen ausgeschlossen sind.
Foto: M. Schmidt

Kettennatternterrarium mit Astwerk, Kunststoffpflanzen und Hintergrundtapete
Foto: D. Schmidt

Futtertiere die Wärmespender annagen und beschädigen können. Die im Fachhandel erhältlichen „Heizsteine“ sind für Kettennattern nicht groß genug.

Die Leistung der einzelnen Wärmequellen kann durch Temperaturmessungen an verschiedenen Stellen des Terrariums ohne Tierbesatz im Verlauf mehrerer Tage ausgetestet werden. Wer sicher gehen und Temperaturextreme vermeiden will, ist mit der automatischen Regulierung durch einen Thermostaten und eine Zeitschaltuhr gut beraten.

Zusätzlich zu den hellen Wärmequellen ist eine weitere künstliche Beleuchtung mit Leuchtstoffröhren und Energiesparlampen angezeigt, auch wenn eine Helligkeit, wie sie in der Natur gegeben ist, im Terrarium nie zu erreichen ist. Ein allgemeingültiges Rezept für eine optimale Terrarienbeleuchtung ist nicht aufzustellen. Ihre Leistung hängt von den Abmessungen des Terrariums ab. Als Beispiel seien 1–2 Leuchtstoffröhren in Länge des Terrariums, 1–2 Energiesparlampen sowie zwei normale Glühlampen oder Reflektorglühlampen (je 25–100 W) als Licht- und Wärmequelle empfohlen. Zumindest bei vollwertiger Ernährung der Futtertiere ist bei der Haltung von Kettennattern eine zusätzliche Bestrahlung der Schlangen mit natürlichem oder künstlichem ultravioletten Licht nicht erforderlich. Meine Kettennattern sind über Jahrzehnte und etliche Generationen völlig ohne UV-Licht ausgekommen.

Neben Licht und Wärme sind **Belüftung** und **Feuchtigkeit** weitere Faktoren des Terrarienklimas. Bei einem käuflich erworbenen guten Terrarium bieten die bereits eingebauten, mit Gaze oder Lochblech gesicherten Belüftungsöffnungen einen ausreichenden, zugfreien Luftaustausch. Die natürliche Luftzirkulation ist gesichert, wenn die angewärmte, verbrauchte Luft im oberen Teil des Terrariums abziehen und dafür frische – hoffentlich nikotinfreie – Luft im unteren Teil des Beckens nachströmen kann. Dieser Luftaustausch verhindert

Die gemeinsame Haltung gleich großer Kettennattern ist durchaus möglich. Foto: D. Schmidt

auch zu hohe Luftfeuchtigkeit. Für die Haltung von Kettennattern ist eine relative Luftfeuchtigkeit von etwa 50 bis höchstens 70 % angemessen – Werte, die etwa auch der relativen Luftfeuchtigkeit in Wohnräumen entsprechen. Für das Wohlbefinden der Nattern ist ein Wasserbehälter zwingend erforderlich, in dem stets sauberes Trinkwasser zur Verfügung stehen muss. Zugleich sollte er das sporadische Badebedürfnis der Kletternattern erfüllen können, also ausreichend dimensioniert sein.

Neben dem richtigen Terrarienklima spielt auch die Einrichtung des Beckens eine wichtige Rolle. Die ohnehin begrenzte Grundfläche des Terrariums kann durch eine entsprechende Gestaltung

Empfehlenswerter Bodengrund: Moos, Korkrinde, Tannenrinde (links) und grobe Rindeneinstreu (rechts) Foto: D. Schmidt

Gestreiftes Exemplar einer Kalifornischen Kettennatter im Terrarium auf Rindeneinstreu mit Wurzelstock und künstlichem Kaktus. Foto: D. Schmidt

der **Rückwand** und soweit möglich auch der Seitenwände vergrößert werden. Durch Verkleidung mit handelsüblichen, allerdings kostspieligen Wandelementen oder in Eigenbau lassen sich Baum- oder Gesteinsimitationen schaffen, die gute Klettermöglichkeiten und sogar erhöhte Liegeflächen bieten. Anleitungen zum Eigenbau derartiger Rückwände geben entsprechende Fachbücher (s. „Weiterführende Literatur"). Hintergrund-Tapeten erfüllen die Vorteile einer plastischen Rückwand nicht.

Da Kettennattern gern wühlen, ist ein tiefer **Bodengrund** vorteilhaft. Viele Terrarianer verwenden als Bodensubstrat Hobelspäne, Holzhäcksel (Räucherspäne) oder ähnliche im Fachhandel erhältliche Materialien. Sicher ist es unseren Schlangen gleichgültig, in welchem Material sie wühlen. Es sollte nur staubfrei sein, keine scharfen, spitzen Partikel enthalten und auch keine, die beim versehentlichen Verschlucken während des Fressens gesundheitliche Probleme auslösen können.

Als **Verstecke** bieten sich ausrei-

Die Yuma-Kettennatter (*Lampropeltis getula* „yumensis") aus der Nähe von Tucson (Arizona) gilt ebenfalls als natürlicher Bastard. Foto: B. Love/Blue Chameleon Ventures

chend große Rindenstücke an. In der Natur findet die Kettennatter Unterschlupf vorwiegend in Nagerbauten und kann auch schon einmal gemeinsam mit einer Gopherschildkröte das Quartier teilen. Ich verwende als Verstecke meist die Borke abgestorbener Kiefern, man kann aber natürlich auch bizarr geformte Korkrindenstücke – platten- oder röhrenförmig – im Handel erwerben. Flache, hohl liegende Steine oder eine Schlupfkiste sind ebenfalls geeignet. Als gute Versteck- und gleichzeitig **Klettermöglichkeit** verwende ich halb verrottete Kiefernstümpfe. Geeignete Kletteräste bieten Robinien, alte Rebstöcke oder – der Heimat der Kettennattern angemessen – verzweigte Kakteenskelette, die im Terraristik-Fachhandel erhältlich sind.

Zu einem naturnah eingerichteten Terrarium gehören sicherlich auch **Pflanzen**. Sie tragen erheblich zu einem ästhetischen Anblick des Beckens bei. Nur werden sie leider sehr schnell von den Tieren zerdrückt und unansehnlich. Da wir für Kettennattern ein relativ trockenes Terrarium einrichten, sind

Pflanzen zur Erhöhung der Feuchtigkeit nicht erforderlich. Einen ansprechenden Ersatz können deshalb gut gestaltete künstliche Blattpflanzen aus Plastik und/oder Gewebe bieten. Das Angebot ist sehr vielfältig. Besonders attraktiv und echt wirken künstliche Kakteen. Die meisten dieser Ersatzpflanzen sind sehr robust, lassen sich gut reinigen und sogar desinfizieren. Sie können zusätzliche Klettermöglichkeiten bieten und sind bei härterer Struktur sogar eine gute Häutungshilfe.

Auf die Notwendigkeit eines **Wasserbehälters** wurde bereits im Zusammenhang mit dem Terrarienklima verwiesen. Das Angebot geeigneter Gefäße reicht von einfachen Kunststoff- und Glasbehältern über innen glasierte Tonschalen bis zu speziellen Trink- und Badegefäßen in Form recht natürlich aussehender Gesteinsimitationen.

DER PRAXISTIPP

Mir gefällt ein natürlich aussehender, aber auch leicht auszuwechselnder Bodengrund am besten. Ich verwende deshalb eine 5-10 cm dicke Schicht von lockerem Moos in Kombination mit trockenem Laub und zerkleinerter Naturborke (beispielsweise Pinienrinde). Hygienische Nachteile sind mit derartigen Materialien sicher nicht verbunden, und wenn sich im frischen Moos doch noch eine Ameise versteckt haben sollte, ist das wohl auch kein Problem.

Der natürliche Lebensraum, hier im Organ-Pipe-Cactus-Nationalpark in Arizona, kann als Vorbild für eine naturnahe Terrarieneinrichtung dienen. Foto: D. Schmidt

Die Ernährung von Kettennattern

KETTENnattern sind Fleischfresser (Carnivoren), die in der Natur ihre lebende Beute, vorwiegend kleinere Wirbeltiere, über die Witterung wahrnehmen, verfolgen und schließlich durch Umschlingen erwürgen. Im Terrarium ist zu beobachten, dass ein Beutetier auch gegen feste Gegenstände oder die Terrarienwandung gedrückt und so getötet wird. Zum natürlichen Beutespektrum der Kettennattern gehören Kleinsäuger, Vögel – besonders Jungvögel und Vogeleier –, Echsen, Schlangen, Schildkröten, Salamander und Frösche. Jungtiere sollen

Mäuse gehören zur bevorzugten Beute von Kettennattern im Terrarium.
Foto: B. Love/Blue Chameleon Ventures

auch große Insekten, vor allem Raupen, nicht verschmähen. Es wird über Kettennattern-Populationen berichtet, die offensichtlich aufgrund des örtlichen Angebots nestjunge Schildkröten, vor allem aber Schildkröteneier bevorzugten. Die Tatsache, dass Kettennattern neben Artgenossen und anderen ungiftigen Arten auch Giftschlangen – Klapperschlangen, Wassermokassinottern, Kupferköpfe – erbeuten, ist unter der einheimischen Bevölkerung bekannt und macht Kettennattern recht beliebt. Sie sollen eine recht große Widerstandsfähigkeit insbesondere gegenüber hämotoxischen Schlangengiften aufweisen, also solchen, die auf das Blut einwirken.

Die Vielseitigkeit der natürlichen Futtertierarten können wir den Schlangen im Terrarium nie bieten. Dem Terrarianer wird es widerstreben, Amphibien und Reptilien zu verfüttern, und zudem sind die einheimischen Arten gesetzlich geschützt. Kettennattern lassen sich jedoch erfolgreich mit Mäusen, Ratten und Hühnerküken ernähren. Insbesondere die Nager sind in allen Größen, von den nackten Nestjungen bis zum alternden Zuchttier, ein gutes Schlangenfutter. Sie sind im Fachhandel zu beziehen oder können selbst gehalten und vermehrt werden. Die in Geflügelzuchtbetrieben aussortierten Hähnchenküken können Sie direkt beim Züchter preiswert erstehen, sie werden aber auch tiefgefroren im Zoohandel angeboten.

Wenn auch meines Erachtens zur artgerechten Ernährung einer Schlange die Verabreichung le-

WUSSTEN SIE SCHON?
Eine Kettennatter kann Beutetiere, die weit dicker als ihr eigener Kopf sind, hinabwürgen, weil ihre einzelnen Schädelknochen nicht starr, sondern durch dehnbare Bänder miteinander verbunden sind.

bender Futtertiere gehört, ist es vor allem bei vielen eingewöhnten Nachzuchttieren möglich, daneben tote Beute anzubieten. Vorzugsweise wird ein totes Futtertier akzeptiert, wenn Sie es der hungrigen Schlange mit einer langen Pinzette anbieten und dabei mit ruckartigen Bewegungen Leben vortäuschen. Ersatzfutter bleibt es jedoch immer, das eigentlich nur der Bequemlichkeit des Terrarianers entgegenkommt.

Auf die zusätzliche Verabreichung von Mineralstoffen und Vitaminen an die Schlangen können wir in der Regel verzichten, wenn wir wissen, dass die Futtertiere

Manche Schlangen lassen sich an gefrierkonservierte Mäuse und Küken gewöhnen.
Foto: D. Schmidt

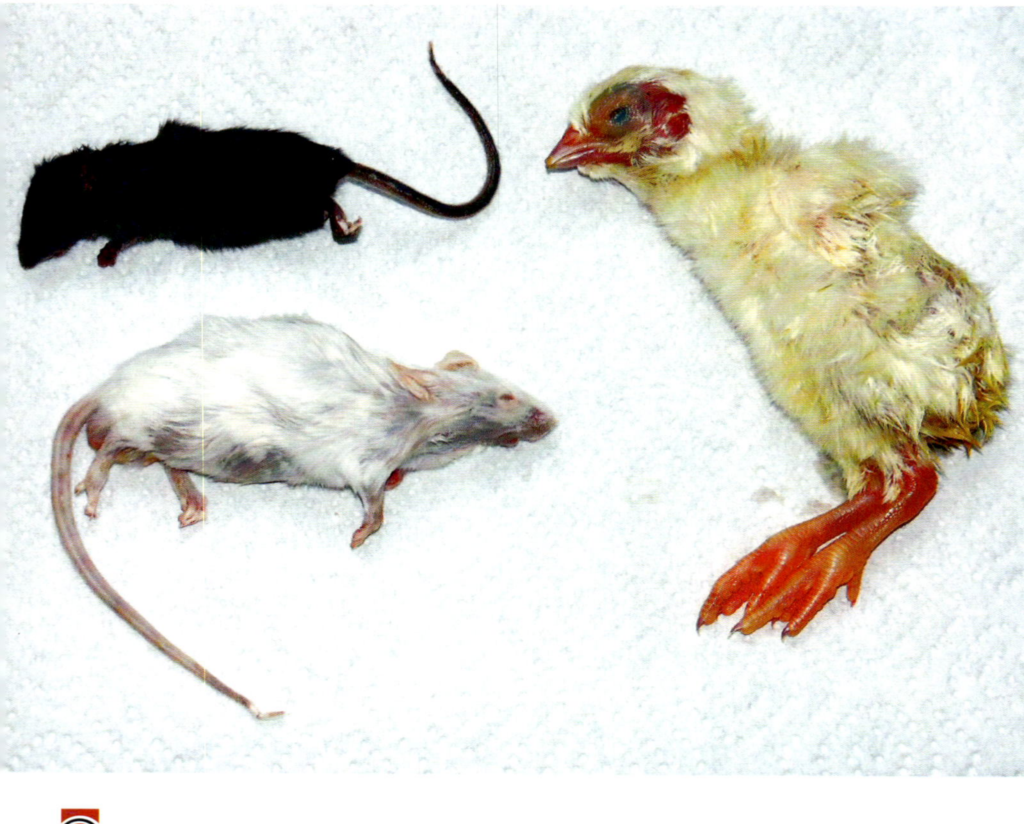

vollwertig ernährt wurden. Am einfachsten und besten sind Mäuse und Ratten mit so genannten Rattenpellets aus dem Tierfutterhandel zu ernähren. Gelegentliche Grünfuttergaben werten dieses Alleinfutter auf. Lediglich bei Zwangsernährung von Schlangen mit magerem Fleisch oder einem künstlichen Futterbrei ist der Zusatz eines für Reptilien empfohlenen Multivitamin-Mineralstoff-Präparates angezeigt. Zoofachhändler und Tierärzte halten geeignete Präparate bereit und beraten gern.

Kettennattern sind gewöhnlich gierige Fresser und würden unter Terrarienbedingungen viel mehr fressen, als ihrer Gesundheit gut täte. In der Natur muss eine Kettennatter nicht selten über Wochen hungern. Das schadet der Schlange nicht. Als exotherme Tiere beziehen die Nattern Körperwärme aus der Umgebung. Zudem sind sie zeitweise wenig aktiv, sodass ihr Energiebedarf wesentlich geringer ist als der eines Warmblüters. Auch natürliche Fastenzeiten vor der Winterruhe, vor einer Häutung oder während fortgeschrittener Trächtigkeit sind normal. Eine verhaltene Fütterung der Tiere ist deshalb angezeigt. Ist zwar die gemeinsame Haltung mehrerer Kettennattern in einem Terrarium möglich, so ist bei der Fütterung jedoch größte Aufmerksamkeit angesagt. Kann der Fütterungsprozess nicht ständig überwacht werden, empfiehlt sich Einzelfütterung.

DER PRAXISTIPP
Manche Terrarianer haben gute Erfahrungen damit gemacht, wenn sie jeweils eine Schlange und ein Futtertier in ein separates Terrarium oder in eine geeignete größere Kiste sperrten. Hungrige Kettennattern stürzen sich im Fressrausch auf alles, was sich in ihrer Umgebung bewegt. Das kann nicht nur die Hand des Terrarianers sein, sondern eben auch ein Artgenosse.

Frisch geschlüpfte Kettennattern fressen gewöhnlich erstmalig nach ihrer ersten Häutung im Alter von knapp zwei Wochen. Eine zunächst nur 1–2 Tage alte nestjunge Maus je Woche ist ausreichend. Mit fortschreitendem Alter der Schlange können auch Anzahl und Größe der Futtertiere zunehmen. Bei gutem Wachstum werden dann nach einigen Wochen bereits 1–2 behaarte Jungmäuse angenommen. Die Fütterungsintervalle werden auf etwa zwei Wochen verlängert. Einer ausgewachsenen Kettennatter reichen schließlich alle 2–3 Wochen 3–4 Mäuse, eine halbwüchsige Ratte oder 2–3 Eintagsküken. Es ist empfehlenswert, dass die Schlange immer etwas hungrig bleibt. Sie ist dann aktiver, verfettet nicht und bereitet deshalb auch weniger Probleme mit der Fortpflanzung. Vor allem nach der Futteraufnahme trinken die Schlangen sehr ausgiebig. Grundsätzlich sollte stets sauberes Trinkwasser zur Verfügung stehen, wie schon betont.

DER PRAXISTIPP

Zu den Tricks erfahrener Terrarianer, futterverweigernde Jungschlangen zum Fressen zu bewegen, gehört, sie für einige Zeit zusammen mit einer nestjungen Maus in eine kleine Plastikdose („Grillenschachtel") zu sperren oder ihnen eine abgetötete nestjunge Maus anzubieten, deren Schädel eröffnet wurde, aus dem etwas Hirnmasse austritt.

Trotz Fressgier gibt es doch hin und wieder Futterverweigerer unter den Kettennattern. Wenn dabei der Verdacht auf eine Erkrankung besteht, ist ein mit Reptilienerkrankungen kundiger Tierarzt aufzusuchen. Auf natürliche Fresspausen wurde bereits hingewiesen. Häufig sind aber besondere Stresssituationen, bedingt durch Transport, Futterumstellung oder falsche Haltungsbedingungen, vor allem zu kühle Haltung, Ursache für die Verweigerung des Futters.

Sind alle Möglichkeiten ausgeschöpft, die Natter frisst auch nach mehreren Wochen noch nicht und beginnt abzumagern, bleibt schließlich nur noch als allerletzte Möglichkeit eine **Zwangsfütterung**. Diese sollte aber immer nur als eine Notlösung angesehen werden. Jungschlangen, die nach dem Schlupf nicht fressen, verweigern das angebotene Futter wohl nur deshalb, weil wir ihnen die ihrem Alter angemessenen jungen Echsen oder andere naturgegebene Beute nicht bieten können. Sie mit einer nestjungen Maus zu stopfen, ist gewöhnlich recht mühsam. Während die Jungschlangen vieler anderer Arten bereits das Maul aufreißen, wenn ihnen eine Maus vorgehalten wird, tut das eine junge Kettennatter nur selten, und der Terrarianer ist gezwungen, zunächst mit einem abgeflachten Streichholz o. Ä. behutsam das Maul zu öffnen. Auch ist es schwierig, eine Maus tief in den Schlund der Schlange zu schieben und weiterzumassieren. Gerade für junge Kettennattern bietet sich deshalb die Verwendung einer so genannten Pinky-Pump an. Dieses Instrument ähnelt einer medizinischen Spritze, besitzt vor dem Kanülenansatz einen durchlöcherten Einsatz sowie eine besonders dicke, am Ende abgerundete Kanüle. In den Zylinder der Spritze werden

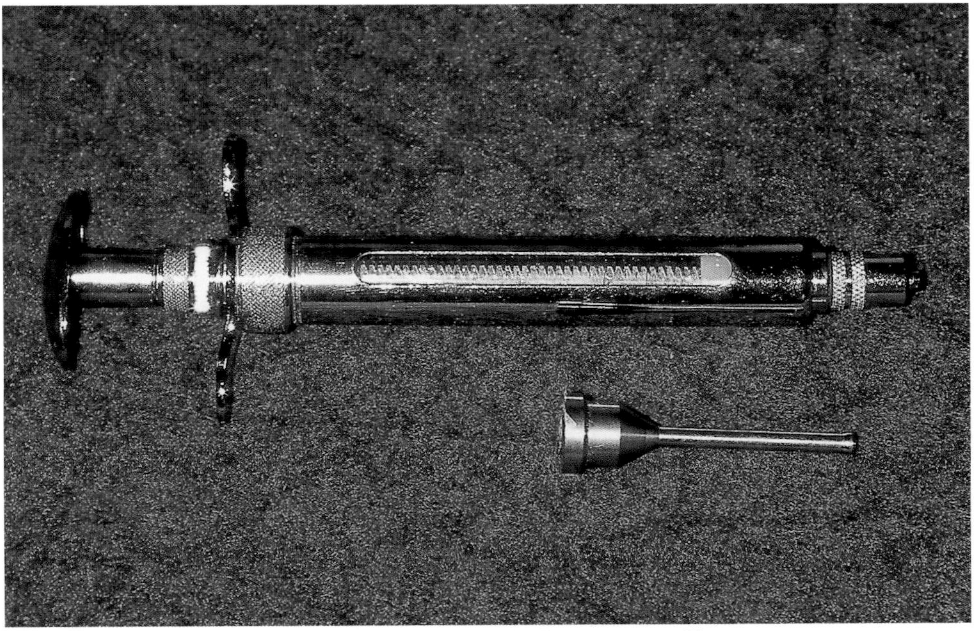

Diese „Pinky-Pump" genannte Apparatur dient der Zwangsernährung von Jungschlangen.
Foto: M. Schmidt

tote, etwas zerkleinerte Mäusebabys gefüllt. Dann wird die Kanüle tief in den Schlund der Schlange eingeführt, und durch Druck auf den Kolben presst man 1–2 ml des Inhalts durch die Lochplatte. Diese Prozedur dauert nur wenige Sekunden und vermeidet unnötigen Stress für Schlange und Terrarianer. Es sei aber hinzugefügt, dass im Gegensatz zu den Nachzuchten anderer *Lampropeltis*-Arten eine Zwangsernährung bei Kettennattern nur selten erforderlich ist. Auch genügen meist ein oder zwei Zwangsfütterungen, bis die Jungschlangen selbstständig nestjunge Mäuse erbeuten. Müssen Sie eine größere Kettennatter stopfen, empfiehlt es sich, dass das Tier von einer Hilfsperson gehalten wird, während der Pfleger es mit Daumen und Zeigefinger seitlich hinter dem Kopf ergreift und mit einer abgerundeten Pinzette eine tote, zuvor in Wasser getauchte junge Maus tief in die Speiseröhre schiebt. Anschließend ist der Futterbrocken noch ein Stück in Richtung Magen zu massieren.

Zur Pflege von Kettennattern

KETTENnattern sind recht friedfertige, wenig aggressive Schlangen. Gegenüber einem vermeintlichen Feind reagieren sie mit Vibrieren der Schwanzspitze, Zischen, Zustoßen und Absonderung eines stechenden Moschusgeruchs. Als natürliche Feinde haben Kettennattern außer größeren Gattungsgenossen vorwiegend Ochsenfrösche (*Rana catesbeiana*), Schwarznattern (*Coluber constrictor*), Greifvögel, Eulen, Kojoten und auch unvernünftige Menschen zu fürchten. Wenn sie zubeißen, können sie durch kauende Bewegungen stark blutende Wunden verursachen, die man desinfizieren sollte, um Infektionen zu vermeiden. Alle diese genannten Abwehrreaktionen zeigen freilich Terrarientiere nur selten.

> **WUSSTEN SIE SCHON?**
> Kettennattern besitzen, wie andere ungiftige Arten auch, glatte, massive und gleichförmige, so genannte aglyphe Zähne.

Wichtig für das Wohlbefinden der Kettennattern im Terrarium ist die Absicherung ihrer natürlichen Lebensrhythmen. So sollten wir ihrem Bedürfnis nach **Winterruhe** (Hibernation) nachgeben, auch wenn die eigentlichen Gründe dafür – sinkende Temperaturen, kürzere Tageslichtdauer, Futtermangel – im Terrarium nicht gegeben sind. Auf eine Sommerruhe (Ästivation), wie sie manche Populationen in heißen Gegenden absolvieren, können wir jedoch verzichten. Ende Oktober / Anfang November ist die sommerliche Aktivitätsperiode vorüber. Die Schlangen suchen sich in Höhlen, Felsspalten, Nagerbauen, hohlen Baumstämmen wie auch in den Überresten menschlicher Besiedlung, in Fundamenten von Ruinen oder alten Sägemehlhaufen einen frostsicheren Unterschlupf. Dort verbringen sie den Winter und tauchen erst Ende März bis Anfang April wieder auf. Lediglich auf der Halbinsel Florida lebende Kettennattern können ganzjährig aktiv bleiben. Im Terrarium stellen trotz unveränderter Bedingungen die meisten Exemplare im Spätherbst die Futteraufnahme ein. Wir sollten den natürlichen Jahresrhythmus der Tiere akzeptieren und ihnen eine, wenn auch verkürzte, Winterruhe gewähren. Optimal ist es, wenn die Kettennattern – eventuell sogar gemeinsam mit anderen Rep-

Zur kühlen Überwinterung wurde dieses Kettennattern-Terrarium mit Laub aufgefüllt.
Foto: D. Schmidt

tilien der Paläarktis (nördliche gemäßigte Klimazone) – in einem separaten Terrarienraum untergebracht sind. Hier können die Tiere in ihren Terrarien verbleiben. Wir verkürzen, nachdem alle Schlangen letztmalig gefüttert wurden, die tägliche Beleuchtungsdauer von etwa 14 Stunden im Sommer im Verlauf einiger Wochen auf etwa 6 Stunden und senken die Terrarientemperaturen allmählich auf 10–12 °C. Die Nattern haben inzwischen die letzten Beutetiere verdaut und verlassen kaum noch ihre Verstecke. Zur Vermeidung von Temperaturstürzen, wenn beispielsweise im Winter der Raum gelüftet wird, gebe ich in alle Terrarien eine etwa 20 cm hohe Schicht trockenes Laub. Die Wasserbehälter bleiben jederzeit frei zugänglich. Im Verlauf von 8–10 Wochen bleibt das Licht völlig gelöscht, alle Terrarienheizer sind ausgeschaltet, der gesamte Raum wird leicht verdunkelt, und durch

WUSSTEN SIE SCHON?
Die Winterruhe von Schlangen aus gemäßigten Klimazonen ist kein hormonell verursachter Winterschlaf, wie ihn beispielsweise Säugetiere absolvieren. Wenn auch eine gewisse hormonelle Steuerung gegeben ist, wird die Winterruhe wie bei allen Reptilien vornehmlich durch niedrige Umgebungstemperatur und kürzere Tageslichtlänge bedingt.

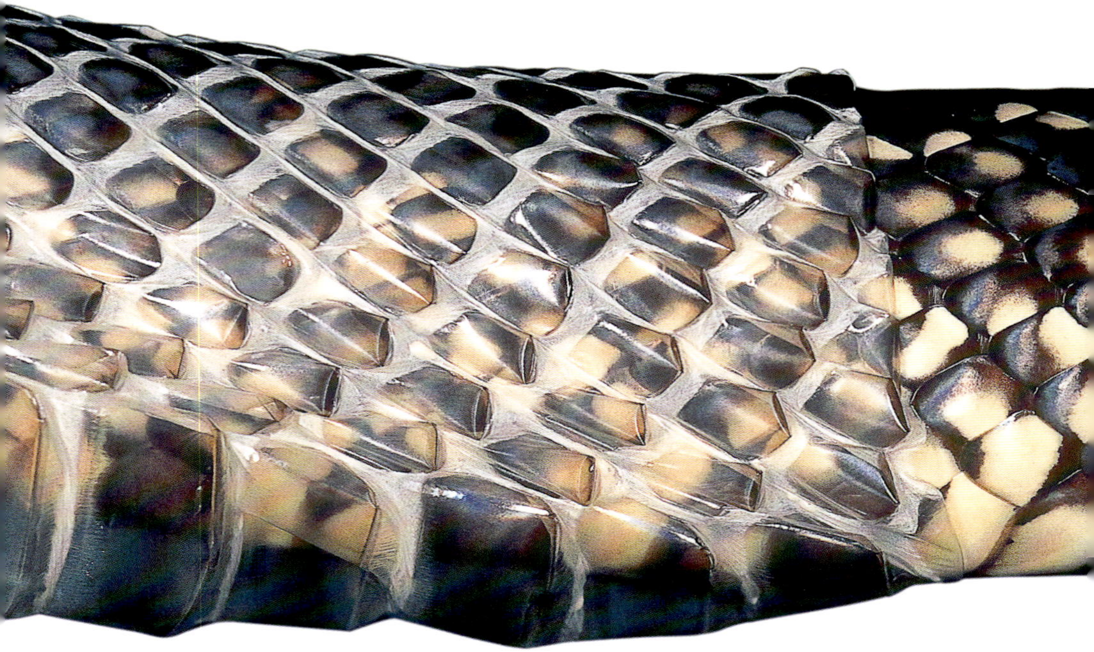

Diese Florida-Kettennatter streift ihr „Natternhemd" in einem Stück ab.
Foto: B. Love/Blue Chameleon Ventures

thermostatgeregelte elektrische Beheizung beträgt die Raumtemperatur konstant 8–10 °C. Gewöhnlich Anfang Februar wird die Raumtemperatur stufenweise wieder erhöht, schließlich die Terrarienbeleuchtung eingeschaltet, und nach 3–4 Wochen sind die Temperaturen am Tage bei 20–23 °C, in der Nacht bei 16–18 °C angelangt. Die Beleuchtungsdauer beträgt 8 Stunden. Erst allmählich erreichen alle Werte wieder die gewünschte Höhe. Besteht keine Möglichkeit, die Winterruhe der Tiere in der beschriebenen Weise durchzuführen, ist das komplette Terrarium in einen Raum (Veranda, Boden, Keller) zu verbringen, der die gewünschten Bedingungen erfüllt. Notfalls setzen Sie die Schlangen in eine stabile, ausbruchsichere Kiste mit ausreichender Belüftung, die mit Moos und Laub gefüllt ist, und stellen diese in einen geeigneten Raum. Dabei darf ein Gefäß mit Trinkwasser nicht vergessen werden, das so aufgestellt bzw. befestigt werden muss, dass die

unseres Hobbys verzichten lässt. Eine vermutlich kranke Schlange überwintern Sie warm; in der Natur wie in menschlicher Obhut würde sie eine kalte Hibernation nicht überleben.

Nach Beendigung der Winterruhe nehmen die Schlangen allmählich wieder ihre normalen Aktivitäten auf: In individuell unterschiedlicher Abfolge finden Häutung, erste Futteraufnahme und zaghafte Paarungsversuche statt. Werden mehrere Männchen im Terrarium gepflegt, sind mitunter **Kommentkämpfe** unter ihnen zu beobachten. Die Tiere umschlingen sich und versuchen, sich gegenseitig zu Boden zu drücken. Kommentkämpfe laufen nach festen Regeln ab und führen gewöhnlich nicht zu Verletzungen. Ihre Bedeutung ist nicht eindeutig geklärt. Dass dabei die Vorherrschaft um die Gunst eines Weibchens errungen werden soll, wird nur vermutet.

Da Schlangen zeitlebens wachsen, müssen sie ihre aus abgestorbenen Zellen bestehende äußere Hautschicht gelegentlich abstreifen. Schnell wachsende

Tiere es nicht umkippen können. Für Kettennattern aus nördlicheren Breitengraden sind natürlich tiefere Temperaturen (bis etwa 4 °C) und eine längere Winterruhe (etwa vier Monate) möglich. Die mit meinen Schlangen praktizierte Methode stellt einen Kompromiss dar, der allen Tieren, auch denen aus Florida, gerecht wird, der zur Stimulierung der Fortpflanzungsbereitschaft im bevorstehenden Frühjahr ausreicht und der uns selbst nicht allzu lange auf die Ausübung

Jungtiere häuten sich alle 1–2 Monate, Alttiere zumeist nur noch ein- bis zweimal im Jahr. Sie erkennen eine bevorstehende **Häutung** an der allmählichen Eintrübung der Augen, die sich wenige Tage vor dem eigentlichen Häutungsprozess jedoch wieder gibt. Dann streift die Schlange die gesamte äußere Hautschicht, das „Natternhemd" (Exuvie), in einem Stück ab. Häutungsschwierigkeiten können bei kranken oder falsch gehaltenen Tieren auftreten.

WUSSTEN SIE SCHON?

Die Augenlider bei Schlangen sind durchsichtig und miteinander verwachsen. Diese „Brille" wird bei der Häutung mit abgestreift. Da Schlangen nicht blinzeln können, besitzen sie einen starr wirkenden Blick, sie können aber ihre Augäpfel bewegen. Sie können damit mit ihrem Schlangenblick aber beileibe nicht ein Beutetier hypnotisieren.

DER PRAXISTIPP

Zur Unterstützung einer verzögerten oder nur teilweise erfolgten Häutung sollten Sie das betreffende Tier für einige Zeit in lauwarmem Wasser baden und dann die alte Hautschicht vorsichtig entfernen. Besonders wichtig ist, dass sie auf den Augen und an der Schwanzspitze entfernt ist.

Unsachgemäße Haltungsbedingungen und mangelnde **Hygiene** können zu ernsten Gesundheitsproblemen führen. So sind Kot und Häutungsreste möglichst bald aus dem Terrarium zu entfernen. Das Wassergefäß ist stets sauber zu halten. Möglicherweise erkrankte Tiere sind sofort in ein Quarantäneterrarium umzusetzen. Alle verwendeten Gerätschaften (Pinzetten, Futterzangen, Kotschaufeln, Knopfsonden usw.) sind regelmäßig zu säubern und mit einem empfohlenen Desinfektionsmittel in vorgeschriebener Konzentration zu behandeln. Wenigstens einmal im Jahr ist eine gründliche Reinigung des Terrariums vorzunehmen. Alle ersetzbaren Einrichtungselemente wie Bodengrund oder Kletteräste werden entsorgt. Steine, Kunststoffpflanzen, Schlupfkiste und der gesamte Innenraum des Terrariums sind gründlich mit heißem Wasser abzuscheuern, möglichst zu desinfizieren und abschließend sorgfältig zu spülen sowie zu trocknen. Nicht zu vergessen ist die persönliche Hygiene beim täglichen Umgang mit den Tieren, ihrer Behausung und den verwendeten Gerätschaften. Allerdings ist eine Infektionsgefahr für den Menschen im Vergleich zum Umgang mit Warmblütern gering.

Trotz aller Hygienemaßnahmen und trotz optimaler Haltungsbedingungen ist es aber leider nicht auszuschließen, dass eine Schlange einmal erkrankt. Sie werden das bei Ihren täglichen Kontrollen bald am veränderten Verhalten oder Aussehen des betreffenden Tieres erkennen. Zur genauen Erkennung und richtigen Behandlung einer **Erkrankung** sollten Sie den Weg zu einem mit Reptilienerkrankungen erfahrenen Tierarzt nicht scheuen. Manchmal – denken wir nur an lästigen Befall mit Schlangenmilben – können indessen schon der Rat eines erfahrenen Terrarianers oder das Studium eines entsprechenden Fachbuches helfen.

Eines altersbedingten Todes sterben Kettennattern in der Wildnis wohl kaum. Anders ist das im Terrarium ohne Naturkatastrophen, Witterungsunbilden, Futtermangel, Fressfeinde, unbehandelte Erkrankungen und nicht zuletzt Vernichtung des Lebensraumes. Ein Alter von 20 Jahren ist im Terrarium keine Seltenheit. Als Altersrekord werden in der Literatur für eine Kalifornische Kettennatter 43 Jahre und 11 Monate angegeben.

DER PRAXISTIPP

Sie können Auskunft über einen Reptilienarzt in Ihrer Nähe erhalten über die Geschäftsstelle der DGHT oder im Internet unter www.dght.de/amphrep/tiergesundheit/tieraerzte.htm.

Ventral(Bauch)ansicht einer gesunden Kettennatter, hier eine *L. g. brooksi*
Foto: B. Love/Blue Chameleon Ventures

Vermehrung von Kettennattern im Terrarium

VIELleicht ist es vermessen, aber ich behaupte, dass sich alle Schlangen in menschlicher Obhut zur Fortpflanzung bringen lassen. Wenn das bei bestimmten Arten bisher nicht gelungen ist, wissen wir nur nicht genug über ihre Lebensansprüche, oder wir beachten diese nicht genügend. Bei Kettennattern sollte aber auch der Anfänger, wenn er die wichtigsten Grundsätze beachtet, Erfolg haben. Ohne ein zumindest in der Größe zueinander passendes Pärchen geht natürlich nichts. Auch müssen die Tiere miteinander harmonieren. Besser ist es deshalb, man kann die Schlangen in einer kleinen Gruppe selbst den oder die Partner aussuchen lassen. Schlangenmännchen suchen und finden eine Partnerin vorwiegend durch Sexuallockstoffe (Pheromone), die vor allem nach der ersten Frühjahrshäutung des

Das geringelte Männchen der Kalifornischen Kettennatter beißt während der Paarung das Weibchen sanft stimulierend in die Halspartie. Foto: D. Schmidt

Weibchens für das Männchen unwiderstehlich sind.

Das Fehlen äußerer Geschlechtsmerkmale erschwert es dem ungeübten Terrarianer, die **Geschlechtszugehörigkeit** seiner Schlangen zu erkennen. Wer weiß, dass männliche Schlangen ein paarig angelegtes Geschlechtsorgan besitzen (die so genannten Hemipenes, Einzahl: Hemipenis), das von der Kloake aus schwanzwärts eingezogen ist, kann aus dem beidseitig verdickten Schwanzansatz auf das männliche Geschlecht schließen. Bei Weibchen dagegen verjüngt sich der Schwanz nach der Kloake recht schnell. Als einigermaßen sichere Methode der Geschlechtsdiagnose sei die Sondierung der beiden Hemipenes bzw. Hemiclitores (bei Weibchen) im Schwanz empfohlen. Der Anfänger sollte das „Sexen“ seiner Tiere zunächst einem erfahrenen Terrarianer oder geübten Tierarzt überlassen. Dem Tier kann sonst beim unvorsichtigen Einführen der dünnen Knopfsonde (im

Ein unkontrolliert abgesetztes Gelege kann schnell verderben. Foto: D. Schmidt

Terraristikfachhandel erhältlich) eine fatale Verletzung zugefügt werden. Das Eindringen der mit Wasser oder Vaseline gleitfähig gemachten Sonde über mehrere Zentimeter weist im Normalfall eindeutig auf ein Männchen hin. Dringt die Sonde nur wenig ein, kann es sich um eine Hemiclitoris eines Weibchens handeln, oder das gestresste Männchen verhindert durch Verkrampfen der Schwanzmuskulatur ein tiefes Vordringen der Sonde. Dann ist das Einführen der Sonde später erneut zu versuchen.

> **WICHTIG!**
> Wegen möglicher Verletzungsgefahr sollten Jungtiere nicht nach der Sondenmethode untersucht werden.

Wir können davon ausgehen, dass unter Terrarienbedingungen aufgewachsene Kettennattern mit etwa zwei Jahren „**geschlechtsreif**“ sind und befruchtungsfähige Spermien oder Eizellen produzieren. Sie haben dann eine Länge von wenigstens 50–70 cm erreicht. Ob sie aber wirklich „zuchtreif“ sind, hängt von ihrem

Zuchtformen der Kalifornischen Kettennattern bei der Kopulation
Foto: B. Love/Blue Chameleon Ventures

Frisch abgesetzte Eier der Kalifornischen Kettennatter wurden auf Schaumstoffflocken in den Inkubator gebettet. Foto: D. Schmidt

Entwicklungszustand ab. Insbesondere ein Weibchen mit schlechter Jugendentwicklung kann bei zu früher Trächtigkeit gesundheitliche Schäden davontragen. Es bekommt Schwierigkeiten bei der Eiablage, seine Jungen können Schlupf- und Entwicklungsprobleme haben, und es wird u. U. kein zweites Mal trächtig. In der Jugend zu reichlich gefütterte Kettennattern sind dagegen verfettet und haben generell Schwierigkeiten bei der Produktion der Geschlechtszellen. Bei der Zusammenführung männlicher und weiblicher Kettennattern sollten wir unbedingt darauf achten, dass nur Tiere derselben Unterart sich paaren. Aufgabe des Terrarianers ist es, keine Vermischung verschiedener Unterarten zuzulassen.

In ihrer Heimat kommen Kettennattern im März/April in Paarungsstimmung, im Süden Floridas sogar schon im Februar. In unserem Terrarium wird das Männchen bald nach Beendigung der Winterruhe, oft schon vor der ersten Futteraufnahme, das Weibchen bedrängen. Es versucht auf dessen Rücken zu kriechen und stimuliert es mit rhythmischen wellenförmigen Bewegungen. Durch harmlose Bisse vorwiegend in die Halsgegend erfolgt eine weitere sexuelle Erregung. Ist das Weibchen paarungsbereit, führt der Partner einen eregierten Hemipenis tief in die weibliche Kloake ein. Die **Kopulation** dauert meist mehr als eine Stunde, während der – wenn alles harmoniert – die Ejakulation erfolgt. Die Spermien gelangen durch Kontraktionsbewegungen des weiblichen Genitalapparates bis in die Eileiter. Möglicherweise wird die Ovulation (Austreten der reifen Eizellen aus den Follikeln der Eierstöcke) erst durch die Paarung ausgelöst. Jedenfalls bleiben die Spermien längere Zeit lebens- und befruchtungsfähig. Häufig wird die Paarung mehrfach wiederholt, dabei wird auch der andere Hemipenis eingeführt. In der Folgezeit können außerdem weitere Männchen mit demselben Weibchen kopulieren. Generell wissen wir demnach nie genau, wann die eigentliche Befruchtung der Eizellen erfolgt und demzufolge auch nicht, wie lange die Trächtigkeit des betreffenden Weibchens dauert. Dazu kommt, dass die Trächtigkeitsdauer temperaturabhängig ist. Eine fortgeschrittene **Trächtigkeit** erkennen Sie an der zunehmenden Leibesfülle des Weibchens und oft auch an Futterverweigerung. Der erfahrene Terrarianer kann in einem relativ frühen Stadium durch Abtasten des Hinterleibes die sich entwickelnden Eier fühlen. Wir rechnen allgemein mit etwa zwei Monaten Entwicklung im Mutterleib. In der Literatur wird berichtet, dass die Trächtigkeit bei Kettennattern etwa zwischen 37 und 73 Tagen dauert. Kettennattern sind eierlegend (ovipar), d. h. sie setzen ein Gelege ab, das im Mittel zehn Eier umfasst. Es sind aber auch Gelege mit bis zu 29 Eiern bekannt.

Auch ein abgestorbenes, verschimmeltes Ei in einem verklebten Gelege schadet den übrigen Eier nicht. Foto: D. Schmidt

Im Terrarium müssen wir rechtzeitig dafür sorgen, dass das hochträchtige Weibchen einen geeigneten Platz zur **Eiablage** vorfindet. In der Natur sind das verrottende Baumstämme und Baumstümpfe, Kleinsäugerbauten, Felsspalten, Haufen von altem Sägemehl oder ähnliche Orte, an denen entsprechende Feuchtigkeit und Temperatur vorhanden zu sein scheinen. In einem Terrarium mit hohem feuchten Bodengrund aus Erde, Torf oder einem ähnlichen Substrat würde das Weibchen sein Gelege unbemerkt irgendwo vergraben, das dann wahrscheinlich bald verderben würde. Bei der relativ trockenen Haltung meiner Kettennattern gibt es keinen geeigneten Ablageplatz. Ich bemerke jedoch, wenn das sonst ruhig liegende Weibchen über Stunden und Tage im Terrarium auf der Suche nach einem Platz umherstreift. Dann setze ich einen großen Tontopf ins Terrarium, gefüllt je zur Hälfte mit naturfeuchtem, düngerfreiem Torf und darüber lockerem Moos. Binnen kurzem ist das ablagebereite Weibchen in diesem Topf verschwunden, und 1–2 Tage später können die Eier entnommen werden. Die länglichen, rein weißen Eier haben eine lederartige Schale, sind im Mittel 38 mm lang, 22 mm breit und wiegen bei großer Schwankungsbreite um 11 g.

Um dem Gelege optimale Zeitigungsbedingungen zu bieten und es regelmäßig kontrollieren zu können, müssen Sie alle Eier in einen **Brutbehälter** (Inkubator) verbringen. Vor allem, wenn die Eier nicht unmittelbar nach der Ablage umgesetzt werden können, sollten Sie darauf achten, dass sie nicht um die Längsachse verdreht werden. Miteinander verklebte Eier trennen Sie nicht – Sie könnten sie beschädigen. Unbefruchtete Eier fallen

Inkubatoren für Reptilieneier Foto: D. Schmidt

Frisch geschlüpfte Östliche Kettennatter im Inkubator Foto: D. Schmidt

durch ihre geringe Größe, eine sehr weiche Schale oder durch gelbbraune Farbe auf und werden verworfen. Inkubatoren für Reptilieneier sind im Zoofachhandel erhältlich, Sie können allerdings ebenso eine preiswerte Eigenkonstruktion verwenden. Wichtig ist nur, dass während der Bebrütung eine Temperatur von tagsüber 28 °C besteht, die nachts auf 18–23 °C fallen kann, und dass immer eine relative Luftfeuchtigkeit von etwa 95 % besteht. Die Eier werden im Inkubator in kleine Dellen eines wasserhaltenden Substrats (Vermiculit, Torfmoos, Schaumstoffschnitzel) gebettet. Die Gelege meiner Schlangen setze ich in eine dreiteilige Kühlschrankbox – die untere ist gefüllt mit Wasser, die mittlere mit durchlöchertem Boden nimmt das Brutsubstrat und die Eier auf, und die obere dient als Deckel. Diesen einfachen Inkubator setze ich in ein leeres, abgedunkeltes Terrarium, in dem die erforderliche Tagestemperatur bei nächtlicher Abkühlung herrscht. Die richtige Bruttemperatur im Inkubator kann aber auch mit einer Heizmatte oder einem Aquarienheizstab, gesteuert über Thermostat und Schaltuhr, erzeugt werden. Das Öffnen des Deckels bei der Kontrolle der Eier alle paar Tage genügt für einen ausreichenden Luftwechsel im Inkubator.

DER PRAXISTIPP

Der zur Inkubation (Bebrütung) von Schlangeneiern verwendete Typ eines Brutbehälters muss die für den sich entwickelnden Fetus optimalen Bedingungen hinsichtlich Temperatur, Wasserhaushalt und Sauerstoffversorgung garantieren, ansonsten ist seine Konstruktion eigentlich nebensächlich.

Unter den genannten Bedingungen ergibt sich eine **Inkubationsdauer** von etwa 60 Tagen. Unter anderen Verhältnissen sind es rund 39–83 Tage. Wenige Tage vor Schlupfbeginn können die Eier durch Wasserverlust etwas einfallen. Auch bräunliche Flecken sind dann kein Alarmzeichen. Dann beginnen die Jungtiere mit ihrem an der Schnauzenspitze sitzenden Eizahn die Eischale durch mehrere Schnitte aufzuritzen. Der **Schlupf** hat begonnen. Nach diesen Anstrengungen stecken sie zunächst den Kopf hervor, atmen erstmalig atmosphärische Luft und verharren so noch etliche Stunden. Wir sollten sie nicht stören. Binnen 2–4 Tagen sind alle gesunden Jungtiere eines Geleges geschlüpft. Mitunter sind einzelne Junge während der Inkubation abgestorben. Missbildungen sind sehr selten.

Die **Jungtiere** gleichen in Farbe und Zeichnung ihren Eltern. Sie sind etwa 27 cm (20–36 cm) lang, wiegen im Mittel 6 g und sind etwa bleistiftdick. Da Kettennattern wie wohl alle Schlangen Geschlechtschromosomen (W und Z) besitzen, die beim weiblichen Tier unterschiedlich sind, liegt das Geschlecht der Jungtiere bereits vor der Befruchtung fest. Im einfachen Chromosomensatz der Eizellen ist entweder ein W- oder ein Z-Chromosom vorhanden. Das befruchtende Spermium fügt bei seiner Verschmelzung mit dem Kern der Eizelle auch das zum vollständigen (diploiden) Chromosomensatz fehlende Z-Chromosom hinzu. Eine temperaturabhängige Geschlechtsdetermination (Geschlechtsbestimmung), wie sie bei anderen Reptilien vorkommen kann, ist deshalb bei Schlangen nicht bekannt.

Mit dem Schlupf der Jungschlangen ist die Nachzucht der Kettennattern natürlich noch nicht abgeschlossen – erst ihre erfolgreiche **Aufzucht** krönt den Erfolg. Die Aufzucht bereitet dem Terrarianer erwartungsgemäß neue und nicht gerade einfache Aufgaben. Es empfiehlt sich, die Jungtiere in Gruppen oder zur besseren Kontrolle auch einzeln in Kleinstterrarien unter ähnlichen Temperaturbedingungen wie die Alttiere zu pflegen. Mit einer anfangs etwas feuchteren Haltung habe ich gute Erfahrungen gemacht. Die kleinen Schlangen haben dann keine Probleme, sich nach wenigen Tagen erstmalig zu häuten. Danach akzeptieren sie in der Regel das erste Futterangebot. Über die Fütterung und die mit einer Futterverweigerung auftretenden Schwierigkeiten wurde bereits im Kapitel zur Fütterung von Kettennattern berichtet.

Eine junge Florida-Kettennatter atmet zum ersten Mal atmosphärische Luft.
Foto: B. Love/Blue Chameleon Ventures

Farb- und Zeichnungsvarianten

WENN wir auch anstreben wollen, die einzelnen Unterarten der Kettennatter in ihrem natürlichen Erscheinungsbild zu erhalten, sie also „nur“ zu vermehren, soll aber abschließend nicht verschwiegen werden, dass bei Kettennattern, wie auch bei anderen leicht im Terrarium vermehrbaren Schlangenarten, bereits ungewöhnliche Farb- und Zeichnungsvarianten gezüchtet werden. Ausgehend von natürlichen Mutationen wie Albinos oder Individuen mit außergewöhnlichem Zeichnungsmuster werden auch bei der Massenvermehrung auftretende Fehlbildungen und sogar Unterartkreuzungen für Zuchtzwecke genutzt. Diese Züchtung mit Blick auf ein bestimmtes Zuchtziel – im Gegensatz zur reinen Vermehrung – ist erst vor 1–2 Jahrzehnten vorwiegend aus den USA nach Europa gekommen. Die rotäugigen Albinos der Kalifornischen Kettennatter besitzen deutliche gelbe Ringe oder Längsstreifen. Bei den Albinos der Gesprenkelten Kettennatter verliert sich eine gelbe Zeichnung mit zunehmendem Alter. Kalifornische Kettennattern von Baja California zeigen Neigung zu Melanismus (verstärkte Ablagerung brauner bis schwarzer Pigmente in der Haut). Ebenso sind hypomelanistische Kettennattern bekannt, bei

Ungemusterte Variante von *Lampropeltis getula* „goini“ Foto: B. Love/Blue Chameleon Ventures

denen eine verminderte Einlagerung dunkler Farbstoffe vorliegt. Die gezielte Züchtung von Reptilien hat sich inzwischen zu einem eigenen Zweig der Terraristik entwickelt, dem man die Anerkennung nicht verwehren kann.

Für den Aquarianer sind Farb-, Zeichnungs- und sogar Formenzucht nichts Neues mehr. Nur müssen alle Terrarianer so viel Verantwortung empfinden, dass alle Arten und Unterarten auch in ihrem natürlichen Erscheinungsbild reinerbig erhalten werden – vor allem deshalb, weil die Art eines Tages in freier Wildbahn ausgerottet sein könnte.

„Hi-Yellow“ wird diese Zuchtform der Kalifornischen Kettennatter genannt.
Foto: B. Love/Blue Chameleon Ventures

Amelanistische und anerythristische Florida-Kettennattern
Foto: B. Love/Blue Chameleon Ventures

Weiterführende Literatur

ACKERMAN, L. (Hrsg.) (2000): Atlas der Reptilienkrankheiten. – bede, Ruhmannsfelden, 496 S.
HENKEL, F.-W. & W. SCHMIDT (2003): Terrarien – Bau und Einrichtung. – Ulmer, Stuttgart, 168 S.
KÖHLER, G. (1996): Krankheiten der Amphibien und Reptilien. – Ulmer, Stuttgart, 168 S.
KÖHLER, G. (2004): Inkubation von Reptilieneiern. – Herpeton, Offenbach, 254 S.
MARKEL, G.M. (1994): Das Große Buch der Königsnattern. – bede, Ruhmannsfelden, 144 S.
RAUH, J. (2000): Grundlagen der Reptilienhaltung. – Natur und Tier - Verlag, Münster, 216 S.

SCHMIDT, D. (1994): Vermehrung von Terrarientieren – Schlangen. – Urania, Leipzig, Jena, Berlin, 200 S.
– (2006): MINIATLAS SCHLANGEN. BIOLOGIE, ARTEN, TERRARISTIK. – BEDE, RUHMANNSFELDEN, 360 S.
– & K. Kunz (2005): Ernährung von Schlangen. – Natur und Tier - Verlag, Münster, 160 S.
THISSEN, R. & H. HANSEN (1996): Königsnattern – *Lampropeltis*. – Natur und Tier - Verlag, Münster, 172 S.
WILMS, T. (2004): Terrarieneinrichtung. – Natur und Tier - Verlag, Münster, 128 S.

Zeitschriften

- **REPTILIA, TERRARIA**
Terraristik-Fachmagazine
erscheinen je sechs Mal jährlich
Natur und Tier - Verlag GmbH
An der Kleimannbrücke 39/41
48157 Münster
Tel.: 0251-133390
E-Mail: verlag@ms-verlag.de
www.ms-verlag.de

- **DRACO**
Terraristik-Themenheft erscheint vier Mal jährlich
Natur und Tier - Verlag, s. o.

- **Sauria**
Terraristik und Herpetologie
erscheint vier Mal jährlich
Terrariengemeinschaft Berlin e.V.
Bruno Treu, Christstr. 10
14059 Berlin
E-Mail: abo@sauria.dewww.sauria.de

- **DATZ**
Die Aquarien- und Terrarien-Zeitschrift
erscheint monatlich
Verlag Eugen Ulmer
Wollgrasweg 41
70599 Stuttgart
www.datz.de

Untersuchungsstellen

Kotproben, Sektionen und andere Untersuchungen können von spezialisierten Tierärzten oder von veterinärmedizinischen Untersuchungsstellen vorgenommen werden, die es in vielen Städten gibt. Eine Liste mit Tierärzten, die sich mit Reptilien und Amphibien beschäftigen, kann über die DGHT bezogen oder auf www.dght.de eingesehen werden. Überregional bekannt sind z. B. folgende Einrichtungen:

- **Exomed**
Erich-Kurz-Str. 7
10319 Berlin
Tel.: 030-5112008
E-Mail: labor@exomed.de
www.exomed.de

- **Universität München**
Institut für Zoologie, Fischereibiologie und Fischkrankheiten der tierärztlichen Fakultät
Kaulbachstr. 37
80539 München
Tel.: 089-2180-2687
E-Mail: office@zoofisch.vetmed.uni-muenchen.de
www.vetmed.lmu.de/zoofisch/

- **Chemisches und Veterinäruntersuchungsamt Ostwestfalen-Lippe**
Westerfeldstr. 1
32758 Detmold
Tel.: 05231-9119
E-Mail: poststelle@svua-detmold.nrw.de
www.cvua-owl.nrw.de

- **Vet Med Labor GmbH**
Mörikestraße 28
371636 Ludwigsburg
Tel.: 01802-838633
E-Mail: info@vetmedlabor.de
www.vetmedlabor.de
(für privat nur über Ihren Tierarzt)